EAU MINÉRALE

FERRO-SULFUREUSE

DE

MOUDANG

(HAUTES-PYRÉNÉES).

BUVETTES

A

BAGNÈRES-DE-BIGORRE

ET AUX

BAINS DE CADÉAC

(HAUTES-PYRÉNÉES)

VICHY

IMPRIMERIE SPÉCIALE POUR ÉTABLISSEMENTS THERMAUX

DE A. WALLON.

1865

EAU MINÉRALE

FERRO – SULFUREUSE

DE

MOUDANG

(HAUTES-PYRÉNÉES).

Les Pyrénées, déjà si riches en précieuses sources minérales et thermales de tous genres, viennent de voir se révéler à l'attention des hommes de science et du monde médical, l'existence d'une nouvelle source appelée, par sa composition spéciale et la richesse exceptionnelle de ses éléments minéralisateurs, à occuper une place encore vide dans l'hydrologie minérale de cette région.

Il manquait au midi de la France des Eaux présentant ensemble et combinés naturellement, les principes les plus précieux que l'on retrouve isolément dans les eaux les plus réputées, *les principes sulfureux et les principes ferrugineux*. La réunion de ces éléments a fait la célébrité des eaux de Spa, de Franzensbad, de Viterbe et autres lieux à l'étranger, notamment en Italie. Cette lacune est comblée aujourd'hui pour la France continentale ; et l'arrondissement de Bagnères-de-Bigorre possède de plus les Eaux ferro-sulfureuses de Moudang.

Il est incontestable que les eaux ferrugineuses à éléments simples sont d'un très-grand secours dans un nombre considérable de maladies dont il est inutile de faire ici l'énumération. Il est bien certain aussi que les eaux sulfureuses sont d'une très-grande utilité dans le traitement de nombreuses affections morbides présentant des symptômes qui exigent également l'emploi de préparations ferrugineuses. Que dirons-nous alors d'une eau qui est ferrugineuse et sulfureuse tout à la fois.

Que les hommes de l'art, que les malades sachent qu'ils peuvent avoir partout sous la main un agent thérapeutique puissant qui répond à un aussi haut degré aux exigences de l'art et aux besoins des malades ; tel est le but poursuivi par la publication de cette notice et par la vulgarisation des propriétés exceptionnelles de l'eau Ferro-sulfureuse de Moudang.

Comme toutes les eaux à riches éléments et gisant au sein des hautes montagnes, loin de la circulation et des centres habités, les eaux de Moudang étaient connues de longue date par les seuls paysans de la contrée, et constituaient pour eux un remède d'autant plus universel que ses applications étaient dans la presque totalité des cas couronnées de succès.

Comment en effet recourir aux remèdes incertains, vulgaires et artificiels, quand de génération en génération on a puisé, dans cette « *pharmacie naturelle* » que la Providence a placée au milieu de cette population vivant de la vie de misère âpre et rude des hautes montagnes? Aussi là ne connaît-on des affections maladives que les plus graves, celles dont l'énergie est assez puissante pour vaincre la forte nature de ces robustes et rustiques populations. Toutes les autres affections sont combattues par les sources de Moudang.

On se fait difficilement à l'idée qu'une chose bonne et excellente en elle-même ne soit pas aussitôt divulguée ou connue. On oublie ainsi les lois ordinaires qui président aux découvertes, alors surtout qu'on ignore l'état primitif des choses, les caprices du hasard qui ne se plaît à attirer qu'ici ou là l'attention de l'observateur.

Ne parait-il pas extraordinaire que l'Amérique n'ait été découverte qu'en 1492, que les lois de la gravité des corps ne datent que du siècle dernier ; que des propriétés de l'électricité nous ne connaissions encore que les plus élémentaires, et que les autres soient seulement pressenties. Que d'exemples nous pourrions citer pour montrer que le grand livre de la nature est à peine ouvert à nos yeux. Aussi acceptons comme de nouveaux bienfaits tout ce que nous apprenons aujourd'hui, que nous ignorions hier, et que pour la classe souffrante les eaux de Moudang soient les bienvenues.

La divulgation de ces eaux aura eu pour cause le tracé de la route internationale d'Auch à Sarragosse, tracé qui au moment de s'élancer des vallées pour franchir les hauteurs qui nous séparent de l'Espagne, a permis d'observer sur une très-longue étendue, d'abord des traces formées par des dépôts sédimentaires ferrugineux dans le lit du ruisseau de Moudang, puis a conduit jusqu'à la source elle-même.

C'est aussi ce qu'apprend le consciencieux Adolphe Joanne dans son « *Itinéraire des Pyrénées,* » p. 412.

« Le vallon occidental, dit-il, qu'arrose le ruisseau d'He-
« chempy, a été choisi pour la route internationale qui doit
« traverser la crête entre le pic de Bataillence (2,594 mètres),
« et celui de Marty-Caberrou, par un tunnel d'au moins
« 4 kilomètres de longueur; mais le vallon que choisissent
« ordinairement les voyageurs est celui qui remonte au Sud,
« vers le port de Moudang. Le torrent de Chourrious qui le
« parcourt, est en grande partie alimenté par cinq sources
« *ferrugineuses* (1) formant à elles seules un véritable ruisseau.
« Ces eaux non encore utilisées, ne sont pas remarquables
« seulement par leur énorme volume, mais encore par leur
« extrême limpidité et une vertu que n'altère en rien le trans-
« port. »

Telle est la première mention faite des Eaux de Moudang dans un document important, eaux non encore utilisées, mais dont l'abondance et les vertus sont assez remarquables pour appeler sur elles l'attention d'un simple touriste. Hâtons-nous de dire que l'intuition seule n'a pu faire écrire cette

---

(1) Ces Eaux ne pouvaient en 1862 être *qualifiées* autrement, aucune analyse n'ayant été faite à cette époque, date de la publication de l'ITINÉRAIRE JOANNE.

mention et que M. Joanne s'est fait avec raison le porte-voix de la reconnaissance et des traditions locales.

Le point où sourdent les sources de Moudang est situé au fond de la vallée d'Aure, l'une des plus belles et des plus pittoresques vallées des Pyrénées, et pourtant l'une des moins fréquentées jusqu'à ce jour par les touristes Désormais elle étalera aux yeux toutes ses splendeurs et le grandiose de ses aspects ; elle est traversée dans toute sa longueur par la route internationale d'Espagne, route qui rappelle celle du Simplon. Au milieu de sa longueur vient croiser la *route thermale* de Bagnères et de Baréges à Luchon, route due à l'initiative de S. M Napoléon III.

Les habitants de la partie haute de cette vallée, entièrement adonnés à leurs occupations pastorales se déplacent peu, ont peu de relations et contrastent singulièrement avec ceux de la partie moyenne et basse de cette belle vallée que l'exiguité de leur pays, leur intelligence native et un esprit vif et caractéristique pousse aux spéculations lointaines, au déplacement, à des émigrations dans les centres d'affaires et, pour la plupart, à un éloignement très-prolongé.

L'immobilité des uns, les tendances d'éloignement des autres, joints à ce que cette belle vallée était jusqu'à présent pour ainsi dire sans issue, expliquent pourquoi les eaux de Moudang sont arrivées jusqu'à nous à peu près ignorées ; ces eaux émergeant dans un vallon très-isolé pendant les deux tiers de l'année.

Un captage grossier a permis aux malades de puiser à la source à discrétion, mais telle est la vertu de ces eaux que les paysans se soumettent à un séjour et à un genre de vie très-pénible pour se faire guérir par leur emploi. Les plus grands efforts faits dans l'intérêt du séjour des malades ont consisté jusqu'à ces derniers temps dans l'aménagement et une appropriation un peu plus soignée des châlets et des granges pour y recevoir les paysans.

Dès aujourd'hui les eaux de Moudang prennent le rang et l'importance que leur vaut leur riche composition. Des cas de guérison nombreux et remarquables collectés par les médecins du pays, l'observation de traces non équivoques de richesses thérapeutiques, dégagement de gaz azote en forte proportion, odeur très-prononcée de gaz acide sulphydrique, dépôts glaireux de barégine et de sédiments ocreux, goût stiptique acidule et ferreux, voilà beaucoup plus qu'il n'en fallait, des raisons pour se convaincre d'une heureuse découverte.

La sanction de la science fut aussitôt demandée et nous exposons ici le rapport d'un des plus savants spécialistes en matière d'hydrologie minérale, M. Filhol, le savant chimiste, Directeur de l'Ecole de Médecine de Toulouse.

ANALYSE

ET

RAPPORT DE M. FILHOL.

Propriétés physiques et organoleptiques.

L'eau de Moudang est limpide, incolore; elle répand une odeur sulfureuse lorsqu'on l'observe à son point d'émergence; sa saveur est astringente, comme celle des eaux ferrugineuses les mieux caractérisées.

Action de la chaleur.

Sa température invariable est de 4° centigrades. Soumise à l'action de la chaleur, l'eau de Moudang laisse dégager à la température de l'ébullition un gaz essentiellement composé d'acide carbonique et d'azote; *elle ne contient pas d'oxigène libre.*

Action de l'air.

Exposée à l'air cette eau minérale se décompose avec lenteur et fournit un dépôt rougeâtre.

Action de divers réactifs.

Le cyanure jaune de potassium et de fer détermine dans l'eau de Moudang une très-légère coloration bleue.

Le cyanure rouge produit au contraire une coloration bleue assez intense.

Le tannin et l'acide gallique colorent cette eau en violet léger; la teinte violette devient plus foncée lorsque le liquide est exposé à l'air.

Mêlée avec du chlorure d'or, l'eau de Moudang y produit immédiatement un précipité d'or métallique.

L'azotate d'argent y détermine à peine un léger louche, lorsqu'elle a perdu son acide sulphydrique.

Le chlorure de barium donne lieu à la formation d'un précipité blanc insoluble dans l'acide azotique.

L'oxalate d'ammoniaque décèle dans l'eau de Moudang l'existence d'un sel de chaux.

Enfin l'eau de chaux la rend légèrement laiteuse, ce qui démontre qu'elle contient de l'acide carbonique libre.

Évaporée à siccité, cette eau minérale laisse un résidu légèrement coloré qui prend une teinte brune assez intense lorsqu'on le calcine ; cette teinte disparaît par une calcination prolongée au contact de l'air.

Si l'on épuise avec de l'eau distillée le résidu sec provenant de l'évaporation de l'eau de Moudang il se dissout en grande partie et le soluté renferme encore environ la moitié de la quantité de fer qui existait primitivement dans l'eau. Ce fait est d'autant plus extraordinaire qu'en général les eaux de ce genre sont altérables au point de laisser dégager la majeure partie du fer qu'elles contiennent sur les parois des bouteilles où on les enferme pour les transporter. L'eau de Moudang est donc remarquable par sa stabilité.

Analyse quantitative (1).

Dosage de l'acide sulphydrique.

On a d'abord employé la méthode de Dupasquier, mais la présence du fer et de la matière organique dans l'eau a causé de très-grandes difficultés. Le premier, en passant à l'état de son maximum d'oxidation, a nécessairement mis de l'acide sulfurique en liberté, et ce dernier a ensuite réagi sur l'iodure de potassium qui tenait l'iode en dissolution. Il était également à craindre que la matière particulière organique et facilement décomposable qui se trouvait dans l'eau n'eut agi sur l'iode et rendit ainsi le dosage du soufre inexact. Toutefois, on a trouvé que l'addition de la dissolution iodée produisait une teinte rosée dans l'eau qui empêchait complètement d'apercevoir la teinte bleue de l'iodure d'amidon. On a alors adopté comme moyen de dosage le procédé suivant : 10 litres de l'eau de Moudang ont été additionnés d'un excédant de sulfate de plomb fraîchement précipité et lavé. Après avoir agité pendant quelques minutes et laissé complètement se déposer le précipité brun qui s'est formé, celui-ci a été soigneusement séparé par décantation. Ce précipité a été ensuite traité par de l'acétate d'ammoniaque, jusqu'à ce que ce dernier sortît tout-à-fait exempt de plomb et ne se colora plus par une addition d'acide sulphydrique. Le résidu noir brun qui en résultait a été transporté du filtre dans une petite capsule, et après avoir été convenablement lavé par décantation, a été séché à 100° centig. et pesé (toute l'opération ayant été conduite le plus vite possible, son poids était de 0^{gr}. 01113 d'hydrogène sulfuré. On déduit alors de ce résultat qu'un litre de l'eau ferro-sulfureuse de Moudang doit contenir 0^{gr}. 001113 d'hydrogène sulfuré.

Cette opération, ainsi que l'analyse précédente, a été faite sur de l'eau qui a été transportée, après avoir été soigneusement bouchée et longtemps après son puisement,

(1) Cette partie de l'analyse est due à M. Maxwel Lyte.

Dosage de l'acide carbonique.

Pour doser l'acide carbonique j'ai mêlé du chlorure de barium ammoniacal avec un volume connu d'eau minérale. Le précipité qui s'est produit a été recueilli, lavé, séché avec soin, et enfin il a été introduit dans un appareil de Frésenius et Will, où il a été décomposé. L'acide carbonique a été ainsi dosé directement. Un litre d'eau a fourni 0, 023 de cet acide.

Détermination de la totalité des substances fixes.

Un kilogramme d'eau minérale a été évaporée à siccité, à une douce chaleur, dans une capsule de platine tarée avec soin. Le résidu séché à la température de 120 degrés pesait 0 gr. 136. Ce résidu a été soumis à une calcination au rouge sombre, en vue de détruire la matière organique qu'il renfermait. J'ai humecté la masse refroidie avec une dissolution de carbonate d'ammoniaque et je l'ai desséchée de nouveau. Son poids était de 0 gr. 111.

Dosage de la silice.

Dix litres d'eau de Moudang ont été acidulés par de l'acide chlorhydrique pur; on a fait évaporer le mélange à siccité pour rendre la silice insoluble; la masse sèche a été reprise par de l'acide chlorydrique faible, et on a recueilli sur un filtre la silice qui est restée insoluble; on lui a fait subir plusieurs lavages à l'eau distillée; enfin elle a été desséchée avec soin et pesée; son poids s'élevait à 0 gr. 090.

Dosage de l'acide sulfurique.

L'acide sulfurique a été dosé à l'état de sulfate de baryte, suivant le procédé généralement adopté par les chimistes. Dix kilogrammes d'eau ont fourni 1 gr. 232 de sulfate de baryte, représentant 0,440 d'acide sulfurique.

Recherche de l'acide phosphorique.

J'ai procédé à la recherche de l'acide phosphorique en suivant la méthode adoptée par M. Chancel. J'ai pu constater l'existence d'une trace de cet acide dans l'eau de Moudang, mais je n'ai pu en déterminer la quantité.

Dosage du chlore.

L'eau de Moudang ne contient que très-peu de chlorure. Le dosage du chlore a été fait en précipitant ce corps à l'état de chlorure d'argent, suivant le procédé généralement adopté par les chimistes. Dix litres d'eau m'ont donné 0 gr. 074 de chlorure d'argent, représentant 0 gr. 018 de chlore.

Recherche du brôme et de l'iode

Pour rechercher le brôme et l'iode, j'ai fait dissoudre cinq grammes de bicarbonate de potasse très-pur dans 10 litres d'eau minérale, et j'ai fait évaporer la liqueur jusqu'à siccité. La matière saline provenant de cette opération a été réduite en poudre et épuisée par de l'alcool bouillant. Le soluté alcoolique ayant été lui-même évaporé à siccité, j'ai calciné au rouge sombre le résidu qu'il a fourni, et je l'ai dissous, après refroidissement dans quelques gouttes d'eau distillée. La liqueur ainsi obtenue a été divisée en deux moitiés : j'ai ajouté à la première successivement de la colle d'amidon et de très-petites quantités d'acide azotique chargé d'acide hypoazotique ; je n'ai pas obtenu la plus légère coloration bleue. J'ai versé dans la deuxième moitié un peu d'eau chlorurée très-étendue, et je n'ai pas vu la moindre coloration jaune se produire dans le liquide.

Recherche du fluor.

J'ai recherché l'existence du fluor dans l'eau de Moudang en suivant le procédé de M. Nicklés et je n'ai pas pu constater la présence de ce corps dans cette eau.

Recherche de l'arsenic et du cuivre.

Les opérations que j'ai exécutées en vue de découvrir dans l'eau de Moudang de l'arsenic et du cuivre ont donné des résultats négatifs, quoique j'aie opéré sur 25 litres. Peut-être une recherche qui porterait sur des quantités d'eau beaucoup plus considérables, conduirait-elle à découvrir quelques traces de ces deux corps, mais cette recherche présenterait peu d'intérêt au point de vue thérapeutique.

Dosage de la chaux.

Pour effectuer le dosage de la chaux, j'ai concentré 10 litres d'eau minérale de manière à les réduire à un litre. J'avais eu soin d'aciduler le liquide, afin d'empêcher la production d'un dépôt de carbonate de chaux. Dans l'eau ainsi concentrée, j'ai versé un excès d'ammoniaque, et après avoir séparé par filtration le précipité d'oxyde de fer qui s'est produit, j'ai ajouté à la liqueur de l'oxalate d'ammoniaque. Le précipité d'oxalate de chaux a été recueilli, lavé, séché et transformé en carbonate suivant le procédé ordinaire. Le poids du carbonate de chaux ainsi obtenu était de 0 gr. 214 et correspondait à 0 gr. 120 de chaux.

Dosage de la magnésie.

J'ai utilisé pour le dosage de la magnésie la liqueur privée de chaux provenant de l'opération précédente. J'y ai versé dans ce but, de l'ammoniaque et du phosphate de soude. Le précipité de phosphate ammoniaco-magnésien a été rassemblé sur un filtre vingt-quatre heures après que le mélange avait été effectué. J'ai lavé ce précipité avec de l'eau ammoniacale ; je l'ai desséché et calciné au rouge vif.

Le résidu de ces opérations consistait en pyrophosphate de magnésie, et pesait 0 gr 082 et représentait 0 gr. 030 de magnésie.

Dosage des alcalis.

En épuisant par de l'eau distillée le résidu sec de l'évaporation de 10 litres d'eau, j'ai dissous les sels alcalins et les sels solubles de chaux et de magnésie qu'il renfermait. J'ai versé dans la solution ainsi obtenue de l'eau de baryte, par petites portions, jusqu'à ce qu'il ne s'est plus produit de précipité. J'ai filtré la liqueur et j'ai éliminé par l'addition d'un excès de carbonate d'ammoniaque la baryte qu'elle contenait. Le liquide a été soumis à une nouvelle filtration pour séparer le carbonate de baryte. Je l'ai fait évaporer ensuite, après l'avoir acidulé par de l'acide chlorhydrique pur. Le résidu de cette évaporation a été chauffé au rouge sombre. Je l'ai pesé après l'avoir fait refroidir. Son poids était de 0 gr. 236. Il était composé de chlorure de potassium et de chlorure de sodium. J'ai précipité le premier de ces sels à l'état de chloroplatinate de potassium, suivant le procédé généralement usité. J'ai obtenu 0 gr. 675 de chloroplatinate, représentant 0 gr. 206 de chlorure de potassium, ou 0 gr. 130 de potasse.

Dosage du fer.

Pour déterminer la quantité de fer contenue dans l'eau de Moudang, j'ai acidulé 10 litres d'eau minérale par de l'acide chlorhydrique pur, et j'ai fait évaporer le liquide à siccité ; je l'ai repris par de l'eau acidulée pour dissoudre le fer, et j'ai filtré la solution, afin de séparer la silice qui était restée insoluble. J'ai versé dans le liquide un excès d'ammoniaque et j'ai obtenu un précipité de sesquioxyde de fer hydraté, que j'ai recueilli sur un filtre où je l'ai lavé à l'eau distillée, je l'ai fait peser ensuite. Il pesait 0 gr. 200.

Dosage du manganèse.

Le précipité de sesquioxyde de fer dont je viens de parler contenait un peu de manganèse. Pour en séparer ce dernier, j'ai redissous le précipité dans un peu d'acide chlorhydrique, et j'ai ajouté à la solution un excès de carbonate de baryte qui a déterminé la précipitation du fer. La liqueur filtrée a fourni avec le sulphydrate d'ammoniaque un précipité de couleur de chair, composé de sulfure de manganèse. Après avoir lavé ce précipité, je l'ai fait bouillir avec de l'eau régale pour le transformer en sulfate de manganèse ; j'ai décomposé ce sulfate au moyen du carbonate de soude, et j'ai obtenu du carbonate de manganèse qui, après avoir subi des lavages convenables a été séché et calciné pendant un temps suffisant pour opérer sa transformation en oxyde rouge de manganèse. Le poids de cet oxyde s'élevait à 0 gr. 015.

Recherche de la lithine, du cœsium et du rubidium.

Une recherche spéciale, entreprise en vue de découvrir, au moyen du spectroscope, des traces de cœsium, de rubidium ou de lithine, a donné des résultats négatifs.

En définitive, un litre d'eau de Moudang a fourni :

Acide sulphydrique	. . . .	0,00118
ou 7 c. c. 31123.		
» silicique.	. . . .	0,0090
» sulfurique.	. . . .	0,0440
» phosphorique.	. . . .	Traces
» carbonique.	. . . . : . .	0,0230
Chlore	. . . .	0,0018
Potasse	. . . .	0,0130
Soude	. . . .	0,0012
Chaux	. . . . , ...	0.0120
Magnésie	. . . .	0,0030
Sesquioxyde de fer	. . . .	0,0200
Oxyde rouge de manganèse	. . . .	0,0015
Matière organique	. . . . , ...	0,0250
	Total.	0,154613

Il reste à chercher dans quel ordre les acides et les bases sont unis dans l'eau elle-même. Si l'on réfléchit à l'incompatibilité des sels de fer et des sulfures alcalins, on voit que le soufre doit exister dans l'eau de Moudang à l'état d'acide sulphydrique.

Mais l'acide sulphydrique étant lui-même incompatible avec les sels de sesquioxyde de fer, l'eau minérale doit contenir un sel de protoxyde.

Les sels de protoxyde de fer formés par les acides organiques sont eux-mêmes décomposables par l'acide sulphydrique. Il est donc probable que l'eau de Moudang ne contient pas de crénate de fer.

Enfin le fer n'existe pas dans cette eau minérale à l'état de carbonate puisqu'il se redissout en grande partie lorsqu'on traite par de l'eau distillée le résidu provenant de son évaporation.

Nous sommes ainsi conduits par exclusion à trouver que l'eau de Moudang doit contenir du sulfate de protoxyde de fer. Or, 0 gr. 0180 de protoxyde de fer exigent 0 gr 0200 d'acide sulfurique pour former un sulfate neutre ; on a donc 0 gr. 0380 de sulfate de protoxyde de fer.

Tout autorise à penser que le manganèse contenu dans cette eau s'y trouve comme le fer à l'état de sulfate. Nous trouvons alors que 0 gr. 0014 de protoxyde de manganèse exigent 0 gr. 0015 d'acide sulfurique et donnent 0 gr. 0029 de protoxyde de manganèse.

Le reste de l'acide sulfurique est probablement uni à la chaux et à la magnésie.

Enfin, je considère l'acide carbonique comme existant à l'état libre dans cette eau minérale ; sa proportion n'est pas supérieure à celle qu'on rencontre dans plusieurs eaux potables. En conséquence, je propose de représenter comme il suit la composition chimique de l'eau de Moudang.

Eau minérale (un litre) :

Acide sulphydrique		0,001113
» carbonique		0,0280
Sulfate de protoxyde de fer (1)		0,0425
» » de manganèse		0,0029
» » de chaux		0,0290
» » de magnésie		0,0088
Chlorure de sodium		0,0030
Silicate de potasse		0,0220
Matière organique		0,0250
	Total.	0,157313

L'eau de Moudang est remarquable par sa grande stabilité. Je crois qu'elle la doit en partie à l'acide sulphydrique, car ce gaz doit absorber l'oxigène de l'air que l'on emprisonne dans les bouteilles lorsqu'on veut transporter l'eau minérale loin de sa source, et le fer restant à l'état de protoxyde conserve sa solubilité.

J'ai constaté qu'en procédant à l'embouteillage avec soin on évite l'emprisonnement de l'air sous le bouchon et l'on conserve l'acide sulphydrique.

En résumé, je considère l'eau de Moudang comme pouvant rendre de véritables services à la médecine. Cette eau minérale appartient d'ailleurs à un savant distingué qui ne manquera pas de prendre les précautions nécessaires pour lui conserver les qualités précieuses que doivent lui donner les substances qu'elle renferme.

Toulouse, le 7 février 186 .

Signé : FILHOL.

(1) Le sulfate de protoxide de fer est estimé dans ce résumé de l'analyse comme le sulfate monohydraté $Fe_2 SO4 H_2 O$ et correspond 0 gr. 0695 de sulfate de protoxide de fer cristallisé $F_2 SO4 7_2 H O$, la forme sous laquelle on l'emploie le plus souvent dans la médecine.

Déductions.

Les conséquences les plus immédiates qui découlent de ce rapport sont :

1° Que le fer se trouve dans les eaux de Moudang, à l'état et dans les proportions qui conviennent le mieux à son assimilation complète ; dosage conforme aux *desiderata* de la science en ce qu'il est celui qui promet les plus heureux effets sur l'économie ; c'est ce que prouvent les teneurs analogues en sels de fer des eaux les plus réputées du monde entier.

2° Qu'au fer se trouve annexé l'hydrogène sulfuré et que, au point de vue médical, aux effets tonifiants du fer se trouvent jointes les propriétés dépuratives et résolutives du soufre.

3° Que cette eau est d'une très-grande stabilité, c'est-à-dire qu'elle peut être transportée au loin sans altération.

4° Et enfin qu'elle doit cette dernière propriété à la présence d'une notable quantité d'acide sulphydrique, élément qui caractérise la grande classe des eaux sulfureuses.

Pour note nous devons ajouter que cette analyse a été faite à Toulouse avec de l'eau transportée de Moudang, après un parcours de 250 kilomètres et après plusieurs semaines de conservation.

Parmi les personnes qui emploient les eaux soit pour se guérir elles-mêmes, soit pour guérir les autres, il en est beaucoup auxquelles les déductions scientifiques d'une analyse sont complètement étrangères et qui ne jugent de la valeur d'une eau que par sa comparaison avec celles qui lui sont similaires. Pour cette classe de personnes nous allons établir des comparaisons entre les eaux de Moudang et les eaux les plus célèbres et les plus réputées qui présentent une composition analogue.

NOMS des SOURCES et STATIONS d'eau.	DOSAGE du fer.	ETAT chimique dans lequel il se trouve.	NOMS des OPÉRATEURS.
MOUDANG (H.-Pyr.)	0,0425	Sulfate de protoxide.	FILHOL.
SPA, S^e Géronstère.	0,0480	Bicarbonnat. associé au sulf. de soud.	MANHEIM.
— S^e Sauvenière.	0,0410	Id.	Id.
— S^e V.-Tonnelet.	0,0460	Id.	Id.
— S^e N.-Tonnelet.	0,0260	Id.	Id.
FRANZENSBAD (Boh.), S^e Wiezenquelle.	0,0150	Carbonate.	CARTELLIERI.
S^e Neuquelle.	0,0370	Id.	Id.
VITERBE (Italie), S^e de la Crociata.	0,0290	Id.	POGGIALE.

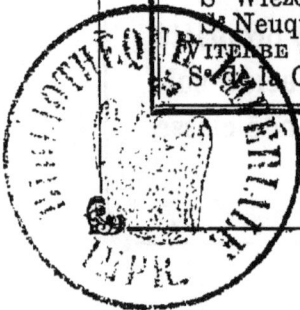

Du tableau précédent il résulte que l'élément ferrugineux des eaux de Moudang est des plus riches de cette classe des eaux ferro-sulfureuses.

Parmi les plus célèbres de ces eaux, celles qui ont le plus d'analogie avec les eaux de Moudang, sont celles de la source de *Neuquelle* à Franzensbad (Bohême), celle de *Viterbe* (Italie).

Parmi d'autres eaux réputées, qu'une analyse faite à la source établit un peu plus riches en éléments ferrugineux, la plupart perdent leur supériorité sur l'eau de Moudang, en ce sens que moins que cette dernière elles sont susceptibles d'être conservées sans altération et d'être portées à grande distance; attendu que ces eaux renferment en dissolution de l'oxigène libre et portent ainsi avec elles-mêmes leur élément de décomposition.

Si l'on consulte les excellents travaux dont les eaux de Viterbe ont été l'objet (M. Armand, 1852, et M. Besnard, chirurgien-major du 72e de ligne), ceux qui se rattachent aux applications thérapeutiques des eaux de Franzensbad, de Spa, etc , etc., on verra quelle précieuse ressource les eaux de Moudang viennent apporter à l'hydrologie française.

Tous les praticiens et les médecins les plus célèbres sont aujourd'hui unanimes pour reconnaître l'influence du fer et de ses dérivés sur les affections qui proviennent de l'altération ou de l'appauvrissement du sang, du lymphatisme et de la classe des maladies si nombreuses auxquelles les femmes

sont sujettes. Si nous avions à étayer cette conclusion générale des opinions émises à ce sujet par les médecins, les limites de cette notice devraient être de beaucoup reculées. Il nous suffira de citer l'affirmation du célèbre docteur Althaus, un des plus grands spécialistes de la médication par les eaux minérales. « Les eaux sont d'autant plus effi-
« caces que le fer s'y trouve en plus grande pro-
« portion par rapport aux autres éléments qui les
« composent. »

S'il nous fallait mettre en relief les propriétés des eaux sulfureuses, nous répéterions ce qui a été dit de tout temps sur les eaux de Cauterets, de Baréges, des Eaux Bonnes, etc., etc.

Que doit-on penser alors de la valeur d'une eau minérale qui possède les propriétés à un degré élevé des eaux sulfureuses et des eaux ferrugineuses ? On est forcé de conclure que son emploi produira sur l'économie des effets puissants et tout à fait exceptionnels.

Un seul fait pratique peut établir l'importance de ces propriétés : c'est que dans toutes les stations d'eaux sulfureuses, les eaux ferrugineuses sont avidement recherchées comme complément de médication.

Que l'on compare les effets produits par l'emploi simultané de l'eau sulfureuse et de l'eau ferrugineuse, avec ceux produits par l'emploi d'une eau renfermant les mêmes éléments à l'état de combinaison chimique, intime, parfaite et naturelle, et l'on concluera sans peine, qu'avec l'eau de Moudang l'art de guérir compte de plus un moyen puissant.

Des recherches médicales qui ont été faites à propos de l'eau ferro-sulfureuse de Moudang, des cures merveilleuses amenées par l'emploi traditionnel de cette eau, d'abord chez les paysans, puis dans le monde des villes depuis que ces eaux ont commencé à être transportées, toutes attestées par les malades eux-mêmes et par les médecins, il résulte que non seulement elles sont efficaces dans la presque totalité des cas où les eaux ferrugineuses sont prescrites, mais qu'elles sont souveraines dans une foule d'autres cas qui échappent aux médications par les éléments isolés ou simultanés des principes qui la constituent.

Elles sont surtout souveraines dans le traitement des chloroses, des hémorragies passives de toute sorte, des épistaxis, des métrorragies, du purpura hémorragique, des débilitations à la suite de pertes de sang abondantes ou multipliées, des épuisements de l'organisme dus à des excès de toute nature, des affections qui accompagnent les chloro-anémies, de la diathèse lymphatique, des dyspepsies gastriques, de l'asthénie, des scrofules, des hystéries, de la suppression des menstrues, des ménorragies, des maladies cutanées, dartres, gales, etc., des douleurs rhumatismales et dans l'abréviation des convalescences pénibles.

Elles sont efficaces dans les diarrhées chroniques, dans les gonorrhées anciennes.

Ces eaux ne sont contre-indiquées que dans les affections pulmonaires ; ce qui les caractérise doublement et montre l'énergie qu'elles doivent à leur composition.

Voici une partie des résultats de l'enquête dont l'emploi de ces eaux a été l'objet, enquête faite auprès des médecins et hommes de l'art du département.

OBSERVATIONS MÉDICALES.

« Je ne vous envoie qu'une observation de choro-
» anémie guérie par les eaux de Moudang.

» Les faits relatifs à quatre autres guérisons ana-
» logues que j'ai faites il y a longtemps échappent à
» ma mémoire ; les sujets ayant quitté le pays, je
» n'ai pu recueillir auprès d'eux des renseignements
» précis qui seraient nécessaires à l'observation que
» je vous envoie. J'ajoute que l'usage des eaux de
» Moudang est héroïque dans les affections morbides
» suivantes : j'abrège et je cite les hémorragies pas-
» sives de toutes sortes, les épistaxis, métrorragies,
» etc., etc.; purpura hémorragique ; tous les états où
» l'économie est profondément débilitée à la suite
» de pertes de sang abondantes ou multipliées, des
» épuisements consécutifs de l'organisme dûs à des
» excès de toute nature, aux convalescences péni-
» bles, etc., etc. Dans tous les cas de ce genre, les

eaux de Moudang, j'en ai la ferme conviction, réaliseraient la plus puissante médication que l'on pût leur opposer. Je crois à leur efficacité dans les diarrhées chroniques, dans les gonorrhées, etc., etc. Je clos par l'observation suivante la série des renseignements que je puis vous transmettre :

CHLORO-ANÉMIE

Promptement guérie par l'usage des Eaux ferro-sulfureuses de Moudang.

La jeune B. D., de Cadiac, d'un tempérament lymphatique, fut réglée à quinze ans. La menstruation s'établit péniblement chez cette jeune fille; le retour du flux menstruel a toujours présenté de grandes variations : il paraissait d'abord tous les quinze ou vingt jours, et persistait chaque fois avec trop de durée et d'abondance. Plus tard, la fonction menstruelle changea de caractère; les apparitions de l'écoulement périodique s'éloignèrent de plus en plus et ne se montrèrent que tous les deux ou trois mois : le sang était pâle et très-peu abondant, précédé et suivi de leucorrhée à chaque époque.

B. partit pour Bordeaux où elle entra dans une famille en qualité de femme de chambre. Les irrégularités menstruelles ne firent qu'accroître; elles entraînèrent bientôt à leur suite tout le cortège des accidents de la chloro-anémie la plus conformée :

Grande faiblesse musculaire, accablement profond, perte de l'appétit, pesanteur d'estomac, palpitations, essoufflements, douleurs vagues, décoloration des tissus, etc., etc.

Cette jeune fille habitait Bordeaux pendant l'hiver et la campagne pendant la belle saison.

Interrogée sur les médications qu'elle a suivies, elle nous

apprend qu'elle a reçu les soins de plusieurs médecins. A l'exception des pilules d'iodure de fer qu'on lui a fait prendre pendant plusieurs mois et aussi des sirops de digitale, elle ne peut nous fournir aucun renseignement sur la composition des nombreuses pilules, poudres ou sirops qui lui ont été administrés. Il est probable qu'il s'agissait de préparations martiales essayées sous toutes les formes.

Quoi qu'il en soit du traitement suivi par cette jeune fille, l'état de sa santé n'éprouva pas la moindre amélioration ; il s'aggrava même au point qu'elle dut renoncer au séjour de Bordeaux.

Elle retourna dans les Pyrénées, éprouvant des malaises indéfinissables et des tremblements généraux qui ne lui permettaient pas de se tenir debout (anémie cérébrale). La décoloration était complète et générale, la perte de l'appétit absolue.

Ceci se passait au mois de mai 1864. Sur mes conseils, B. se procura de l'eau ferro-sulfureuse de Moudang ; elle en consomma 10 litres d'abord ; elle buvait l'eau aux repas, coupée avec du vin. Vingt litres un mois après et dix litres à une troisième reprise.

Elle en supporta très-facilement l'usage, n'éprouvant pas le plus léger trouble gastrique ou intestinal. Bien plus, les douleurs gastralgiques cessèrent dès les premiers jours. Elle ne s'apercevait en un mot des effets de son breuvage que par le bien-être qu'il lui procurait, que par le retour prodigieusement rapide de sa santé dont elle reprenait à vue d'œil tous les attributs : appétit, force et couleurs revinrent en même temps. La menstruation reprit son cours régulier et le fluide sanguin rentra dans les conditions normales de coloration et de quantité.

Après avoir épuisé la première série de bouteilles, B. se sentant si bien se crut guérie ; elle voulait en rester là, mais les symptômes bien connus de son mal ne tardèrent pas à reparaître ; elle comprit l'avertissement et s'empressa de revenir à la charge. Aujourd'hui sa santé est tout-à-fait florissante. Elle a pris de l'embonpoint et a admirablement traversé l'hiver. Mais au printemps elle veut aller passer une quinzaine de jours sur la montagne, faire usage avec plusieurs de ses compagnes des eaux ferro-sulfureuses prises aux sources même de Moudang.

Sur cette jeune fille, comme sur bien d'autres, l'effet des eaux de Moudang n'est pas seulement incontestable, il a été merveilleux.

» Un mot maintenant sur ces remarquables sources qui » n'ont probablement pas de rivales. En attendant que la chi-» mie se soit prononcée sur leur composition, je vais signaler » en deux lignes quelques-unes de leurs propriétés physiques... » Elles sont fraîches, d'une limpidité parfaite, abondantes » comme un ruisseau, d'une saveur très-légèrement atramen-» taire mais qui n'offre rien de désagréable au goût. Elles se » conservent sans altération, si elles ont été mises avec soin à » l'abri de l'air.

Arreau, le 15 mars 1865.

Signé : Docteur S. FONTAN,
Médecin-Inspecteur de l'Etablissement des Bains de Cadéac.

————————

« Depuis trente ans j'ai le bonheur d'observer les » bons effets des eaux ferro-sulfureuses de Moudang, » employées contre de nombreuses affections ; elles » ont de plus en plus mérité ma confiance et celle de » tous les praticiens du pays, parce qu'elles sont » constamment demeurées victorieuses, notamment » contre le scrofule, la chlorose, la diathèse lympha-» tique, les dyspepsies gastriques, l'anémie, l'asthé-» nie. Je les considère comme très-dignes d'occuper » l'attention des médecins et des malades. Si par vos » nombreuses relations vous pouviez étendre leur » réputation bien méritée, vous rendriez un véritable » service à l'humanité, tout en plaçant sous la main « des médecins un remède aussi agréable qu'utile.

» Je vous transmets quatre observations qui vous
» prouveront combien les eaux de Moudang sont pré-
» cieuses contre certaines maladies, et par consé-
» quent très-dignes d'arriver à une grande réputa-
» tation.

» Signé : Docteur FOUGA,

» Membre du Conseil général des Hautes-Pyrénées,
» Chevalier de la Légion d'Honneur. »

1° — ANÉMIE

M. P..., de la commune d'Ancizan, portait pour principaux
symptômes la décoloration des tissus et la disparition des vais-
seaux sanguins sous cutanés, une paleur de la peau extrême,
ainsi que celle de la conjonctive et de la membrane muqueuse
de la bouche ; la face avait par temps, une teinte analogue à
celle de la cire jaune, perte complète d'appétit, digestions
laborieuses.

L'usage des eaux ferrugineuses de Moudang prolongé pendant
l'espace de trois mois et quelques cueillerées de sirop de quin-
quina ont pu nous permettre d'adopter un régime analeptique.
M. P. est guéri sous l'influence de ce traitement, dont la plus
grande gloire revient à l'usage des eaux minérales.

2° — SCROFULE.

Mademoiselle S. de Bourisp est lymphatique ; sa face est
comme bouffie et infiltrée ; sa lèvre supérieure est épaisse ; ses
yeux très-rouges et larmoyants, les glandes du cou sont dures,
indolentes, mobiles ; ces tumeurs se sont accrues peu à peu en
se ramollissant malgré l'usage des dépuratifs, du sirop de Phor-
tal et de la tisane de houblon.

J'ai conseillé à cette jeune fille l'usage prolongé des eaux de Moudang, elle en a usé pendant deux ans, soit en bains, soit en boisson. Elle est dans ce moment complétement guérie.

J'attribue encore cet heureux résultat aux eaux de Moudang.

3° — CHLOROSE.

Cette maladie est connue vulgairement sous le nom de pâles couleurs parce qu'elle est caractérisée par la pâleur excessive, la teinte jaunâtre ou verdâtre de la peau, la flaccidité des chairs, la blancheur de la conjonctive.

La jeune A. T. de la commune de Cadeilhan, de l'âge de 16 ans, habitait la ville de Bordeaux depuis quelques années, en compagnie d'un oncle qui se trouve à la tête d'un établisse-sement. Cette jeune fille qui n'avait jamais eu les règles, fut prise de nausées, de dyspepsie, de palpitations, de gêne de la respiration, de lassitudes spontanéés, de tristesse; elle offrait par sa grande pâleur le plus parfait cachet chlorotique.

Les médecins de Bordeaux lui avaient conseillé des vêtements de laine sur la peau, les frictions sèches et aromatiques, un régime tonique, les exercices du corps, les amers, les emménagogues ferrugineux, etc. Peu satisfait des résultats des traitements suivis à la ville, on voulut essayer de l'air de la campagne. Cette jeune personne rentra dans sa famille qui me consulta sur son état. Fort de nos eaux ferro-sulfureuses de Moudang j'engageai la famille à aller chercher de ces eaux, on suivit mon conseil très-exactement. La malade accepta ce remède avec plaisir; elle en but très-régulièrement pendant un mois les matins à jeun et à tous ses repas; deux mois après elle put rentrer à Bordeaux parfaitement guérie.

4° HYSTERIE CAUSÉE PAR LE DÉFAUT D'APPARITION DES RÈGLES.

Louise J., âgée de 20 ans, très-sensible, éprouva il y a deux ans, des attaques qui se renouvelaient trois ou quatre fois par an, elles devinrent assez fréquentes dans les six derniers mois pour que Louise se décidât à suivre un traitement à raison des fonctions que l'organe utérin n'avait pas encore remplies. Chaque attaque était précédée de fortes palpitations, de gêne dans la respiration, de pesanteurs de tête et d'engourdissement dans les membres. Arrivait ensuite le sentiment d'une boule qui partait de l'abdomen et remontait jusqu'au cou et l'étouffait.

Aussitôt que la connaissance était perdue, la malade était agitée de mouvements convulsifs les plus violents, que deux ou trois personnes avaient de la peine à maîtriser. La malade sortait de cet état sans nul souvenir de ce qui s'était passé. Je prescrivis les anti-spasmodiques comme l'infusion de feuilles d'oranger, de tilleul, l'éther, etc., ainsi que les calmants, les bains de siége et de pieds, quelques sangsues à la vulve, bonne nourriture et un exercice modéré. Tous ces moyens échouèrent, lorsque la pensée me vint d'envoyer cette fille aux eaux ferrosulfureuses de Moudang; elle y passa environ un mois pendant lequel elle éprouva une première évacuation menstruelle très-abondante, par l'usage des eaux en boisson prises le matin et aux repas. Ces eaux ramenèrent la malade à une parfaite santé. Les règles furent le garant assuré de la disparition des attaques d'hystérie. Cette guérison revient toute entière aux eaux de Moudang.

Pour les quatre observations qui précèdent :

Signé : Docteur FOUGA,

Membre du Conseil général,
Chevalier de la Légion d'Honneur,

« Je puis affirmer que j'ai prescrit maintes fois les
» eaux ferro-sulfureuses de Moudang à bon nombre
» de mes clients, et notamment à des jeunes filles
» éminemment chlorotiques, forcées, en cet état, de
» s'éloigner de Marseille où elles se trouvaient à
» l'état de domesticité, et de rentrer au pays natal.
» Ces jeunes filles, dis-je, après avoir fait usage en
» boisson, pendant plusieurs mois, des eaux ferro-
» sulfureuses de Moudang, ont pu regagner Marseille
» pleines de santé, avec toute la fraîcheur dési-
» rable. »

CONTRE-INDICATION.

« Les eaux de Moudang sont très-actives : je puis
» ajouter que plusieurs personnes atteintes d'affec-
» tions pulmonaires et à proximité de Moudang, dési-
» reuses, comme les chlorotiques, de jouir des béné-
» fices des eaux ferro-sulfureuses avoisinantes, ont
» éprouvé des hémoptisies après un usage un peu
» forcé ; ce crachement de sang a cessé en s'abste-
» nant de l'usage des eaux.

INDICATIONS.

» Je me borne à vous adresser deux observations
» dans lesquelles vous verrez démontrée l'efficacité
» des eaux sulfureuses de Moudang. »

PREMIÈRE OBSERVATION.

Mademoiselle V., âgée de 24 ans, avait toujours joui de la plus florissante santé; elle quitte la vallée d'Aure, il y a trois ans environ, pour se rendre à Marseille où elle réside plusieurs années, comme bonne d'enfants; la santé vient à lui faire défaut, elle regagne son lieu natal avec tous les symptômes de la chlorose; pâleur extrême, bruit de souffle des principales artères. Les préparations martiales, habituellement si puissantes dans le traitement de la chlorose, furent remplacées par l'usage exclusif des eaux ferro-sulfureuses de Moudang.

Cette jeune chlorotique, après avoir usé en boisson pendant trois mois de cette excellente eau ferro-sulfureuse de Moudang, a pu récupérer ses forces, retrouver sa fraîcheur de jeunesse et la route de Marseille où elle se trouve en parfaite santé.

SECONDE OBSERVATION.

Mademoiselle M. a 22 ans; à 18 ans elle abandonnait son village pour se rendre à Marseille en qualité de domestique.

Après un séjour de plusieurs années dans cette ville, la menstruation suspend son cours, il survint une leucorrhée avec battements de cœur, bruit de souffle dans les carotides, puis plus tard hémorrhagie mensuelle assez abondante, la malade prenait la teinte d'une chlorotique, en cet état la santé de la malade périclite; elle se décide à se faire transporter auprès de sa famille où elle fut mise exclusivement à l'usage des eaux ferro-sulfureuses de Moudang; le traitement fut de quatre mois. Vers le dernier mois la menstruation reparaît, la santé est rétablie. Depuis ce laps de temps aucun accident n'est venu traverser cette heureuse cure.

« D'après ces deux cas de guérison que j'ai l'hon-
» neur, Monsieur, de vous transmettre, on peut dire
» que les eaux ferro-sulfureuses de Moudang sont

» très-efficaces contre la chlorose, la ménorrhagie
» et l'hémorrhagie.

» Guchen, ce 30 mars 1865.

» Signé : SOULÉ, méd. p. »

« Il y a plus de trente ans, Monsieur, que j'envoie
» des malades aux eaux ferro-sulfureuses de Mou-
» dang ; les résultats avantageux que j'en ai obtenus
» me donnent la certitude de la grande et incontes-
» table efficacité de ces eaux contre les maladies
» cutanées, telles que gales, dartres et autres affec-
» tions de la peau.

» J'en ai encore obtenu des succès satisfaisants en
» les utilisant pour combattre des douleurs rhuma-
» tismales, principalement sur de jeunes malades.
» Dans mon opinion, les principes minéralisateurs
» que contiennent ces eaux peuvent hautement riva-
» liser avec ceux de quelques établissements qu'of-
» frent nos Pyrénées. Je crois ne rien exagérer en
» l'affirmant (1).

» Chez les individus où les maladies ont présenté
» des complications, j'ai quelquefois obtenu de nota-
» bles améliorations ; mais, soit impatience, soit
» crainte de ne pas atteindre le but proposé, certains
» d'entre eux ont abandonné avant le temps prescrit
» l'usage de ces eaux ; d'autres, mal soignés sous le
» rapport de l'alimentation, du logement même,

(1) Nous rappelons qu'aucune analyse chimique des eaux de
Moudang n'a été faite avant celle que nous publions dans cet
opuscule.

» n'ont pu y trouver que des guérisons incomplètes :
» de là des déceptions, des mécomptes qui ne sau-
» raient diminuer la valeur de ces eaux.

» Je vous autorise à faire de ma lettre tel usage
» que vous jugerez convenable dans le but de faire
» apprécier les eaux de Moudang, et de les vulgariser
» le plus tôt possible dans l'intérêt des populations
» qui ne connaissent pas encore assez les effets cura-
» tifs qu'elles peuvent produire. .

> » Aventignan, le 10 avril 1865.

> » Signé : LAGRANGE, méd. p. »

» Il y a surtout à Moudang une source ferro-sul-
» fureuse qui a rendu déjà de très-grands services à
» notre pays. Depuis douze ans que je suis à Arreau,
» grand nombre de personnes dont le tempérament
» réclamait un traitement antichlorotique, et dont les
» ressources pécuniaires étaient insuffisantes pour
» pouvoir puiser largement dans les flacons de ma
» pharmacie, ont été envoyées par moi-même dans
» cette autre pharmacie que la Providence a placée
» à nos portes. Eh bien, de toutes ces personnes il
» n'en est pas une qui ait eu à se repentir d'avoir fait
» ou fait faire l'ascension de Moudang.

» Je regrette bien vivement aujourd'hui de ne pas
» avoir fait une liste des noms de toutes les personnes
» qui ont trouvé leur guérison dans l'usage de ces
» eaux.

» Soyez assuré, Monsieur, que dès aujourd'hui je
» recueillerai avec soin tout ce qui pourra intéresser
» ces sources.

» Arreau, le 20 mars 1865.

» Signé : E. Crouau, pharm. »

———

« Ma clientèle s'est trouvée dans une position peu
» favorable à l'usage de ces eaux, soit par son *trop*
» *grand éloignement* de la source, soit par l'ignorance
» de ses vertus.

» J'ai donc le regret de vous dire que je n'ai qu'un
» cas de jeune fille chlorotique auquel ces eaux ont
» été appliquées, et cela avec le plus grand succès.

» Bordères, le 24 mars 1865.

» Signé : Viarrieux, doct. en méd. »

———

« Les eaux de Moudang renferment des principes
» minéralisateurs et précieux qui se rencontrent assez
» rarement à l'état de combinaison, et doivent néces-
» sairement appeler l'attention des médecins par les
» effets thérapeutiques qu'ils peuvent espérer de leur
» emploi dans un grand nombre de maladies.

» L'établissement qui doit attendre un jour les bai-
» gneurs et les recevoir, serait déjà connu avant le
» moment de sa constructiou par bon nombre d'expé-
» riences qui pourraient être faites au point de vue

» des effets médicaux que cette source peut produire
» à l'intérieur.

» Laborde, le 20 mars 1865.

» Signé : DUPLAN, doct. méd. »

———

« J'ai l'honneur de vous faire connaître deux cas
» récents dans lesquels les eaux de Moudang m'ont
» été d'un grand secours.

La nommée C. P. de Vignec, atteinte de névroses très-fré-
quentes et d'un grand appauvrissement de sang a été promptement soulagée par l'usage pendant huit jours seulement des
eaux de Moudang.

La nommée G. B. de Vignec, atteinte de chlorose, a été
guérie par l'usage des eaux ferro-sulfureuses de Moudang.

» Lesdites eaux ont rendu de grands services au
» pays ; mes prédécesseurs les prescrivaient avec
» confiance contre plusieurs maladies et d'après ce que
» j'ai su, ils en retiraient de très-grands avantages.

» Vignec, 3 mai 1865.

» Signé : BERNIS, méd. pr. »

PALPITATIONS.

« J'ai l'honneur de vous faire savoir que j'ai eu une
» fille de service atteinte de battements de cœur pres-
» que continuels. Après avoir fait usage des eaux
» ferro - sulfureuses de Moudang, cette maladie a
» complètement disparu.

« Saint-Lary, 3 mai 1865.

» Signé : DOSSAT, cond^r des p.-et-ch. »

CRAMPES D'ESTOMAC.

Atteint de crampes d'estomac qui revenaient périodiquement, et qui avaient résisté à tous les traitements suivis, on me conseilla de faire usage des eaux de Moudang. Sous leur puissante influence toute trace de douleur a promptement disparu et depuis six mois que j'ai cessé le traitement, il n'y a eu aucune rechute.   G. M.

D'autres attestations émanées de gens du monde, de Paris, de Pau et de l'étranger, récemment guéris par l'emploi des eaux de Moudang ne feraient que rendre fastidieuse l'énumération des cures qu'elle a procurées. Aussi, nous bornons là cet exposé et nous terminons cette notice par quelques indications relatives à l'emploi de ces eaux.

Jusqu'à ces derniers temps on n'avait pu songer à créer sur les lieux d'émergence des sources, des bains et des logements confortables, l'éloignement et l'élévation de ce lieu, l'état d'isolement résultant du manque de voies de communications, etc., n'avaient pas permis à cette préoccupation de s'affirmer. Aujourd'hui le tracé et l'exécution de la route internationale de Paris à Sarragosse apportent dans ces régions désertes la vie et la richesse, et bientôt ces sources seront aménagées aussi convenablement que l'exige leur haute importance.

Jusqu'à ce jour on s'est borné aux recherches et aux travaux qui avaient pour but l'exportation.

Des études longues et nombreuses, des appareils spéciaux et savamment combinés permettent d'emmagasiner l'eau de Moudang, soit dans des bouteilles, soit dans tout autre vase clos, de manière à ce qu'aucune altération soit possible. Déjà l'expérience a sanctionné ces procédés et des bouteilles conservées depuis dix-huit mois n'ont perdu aucune des qualités constatées dans l'analyse.

L'EAU SE DÉBITE EN BOUTEILLES

DANS TOUTES

LES PRINCIPALES PHARMACIES DE FRANCE

ET A PARIS

AU DÉPOT CENTRAL DE LA Cie DE VICHY

22, boulevart Montmartre,

ET DANS SES SUCCURSALES.

Elle se consomme par verrées dans des buvettes munies d'appareils spéciaux établis à Bagnères-de-Bigorre, à l'entrée des promenades de Salut.

Ces eaux claires, limpides comme du cristal, ont une saveur astringente et stiptique que quelques personnes peuvent redouter. Cette saveur et ce goût sont neutralisés sans déperdition d'aucune des qualités de l'eau par un mélange ou une addition, soit d'eau de Seltz, soit d'un peu de vin, soit du sirop de Tolu ou de Groseille.

Adresser les demandes :

A PARIS

AU DÉPOT CENTRAL DE LA Cie DE VICHY

22, BOULEVART MONTMARTRE, 22,

DANS SES SUCCURSALES

ET

DANS LES PRINCIPALES PHARMACIES DE FRANCE.

———

A BAGNÈRES-DE-BIGORRE.

A MM. VINCENT, MENGINOU ET MANINAT

Fermiers des sources de Moudang.

———

PRIX PAR CAISSE :

25 bouteilles . . . . 18 fr. 75
50 bouteilles 37   »

Buvettes à Bagnères-de-Bigorre
et aux Bains de Cadéac
(Hautes-Pyrénées)

www.ingramcontent.com/pod-product-compliance
Lightning Source LLC
Chambersburg PA
CBHW060454210326
41520CB00015B/3950